掌上科技馆

从雨水到堤坝

[英] 克林特·特维斯特 著

庄莉 译

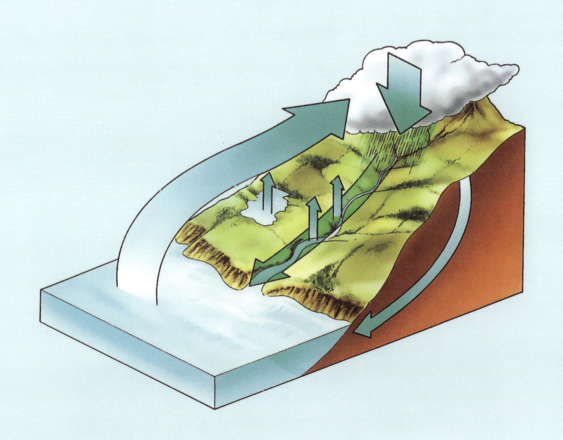

科学普及出版社

·北京·

图书在版编目（CIP）数据

从雨水到堤坝 /（英）克林特·特维斯特著；庄莉译 .
— 北京：科学普及出版社，2017

（掌上科技馆）

ISBN 978-7-110-08951-4

Ⅰ.①从… Ⅱ.①克…②庄… Ⅲ.①水 – 青少年读物 Ⅳ.① P33-49

中国版本图书馆 CIP 数据核字 (2016) 第 294209 号

书名原文：HANDS ON SCIENCE：Rain to Dams

Copyright © Aladdin Books 1990

An Aladdin Book

Designed and directed by Aladdin Books Ltd

PO Box 53987 London SW15 2SF England

本书中文版由 Aladdin Books Limited 授权科学普及出版社出版，
未经出版社允许不得以任何方式抄袭、复制或节录任何部分。

著作权合同登记号：01-2013-3442

责任编辑　李　睿

封面设计　朱　颖

图书装帧　锦创佳业

责任校对　杨京华

责任印制　张建农

科学普及出版社出版

http://www.cspbooks.com.cn

北京市海淀区中关村南大街 16 号　邮政编码：100081

电话：010-62173865　传真：010-62179148

中国科学技术出版社发行部发行

鸿博昊天科技有限公司印刷

开本：635 毫米 × 965 毫米　1/8

印张：4　字数：40 千字

2017 年 3 月第 1 版　2017 年 3 月第 1 次印刷

ISBN 978-7-110-08951-4/P · 188

印数：1-5000 册　定价：15.00 元

目录

本书内容与水有关——从雨滴到储存在水库里的水。通过阅读本书，你会了解水的不同性质。另外，本书还用丰富的图片形象地介绍了如何用简单的生活用品来做一些科学小实验，去了解水的不同存在形式。书中还提出了一些有趣的小问题，让小读者通过自己的思考更加深入地理解关于水的知识。

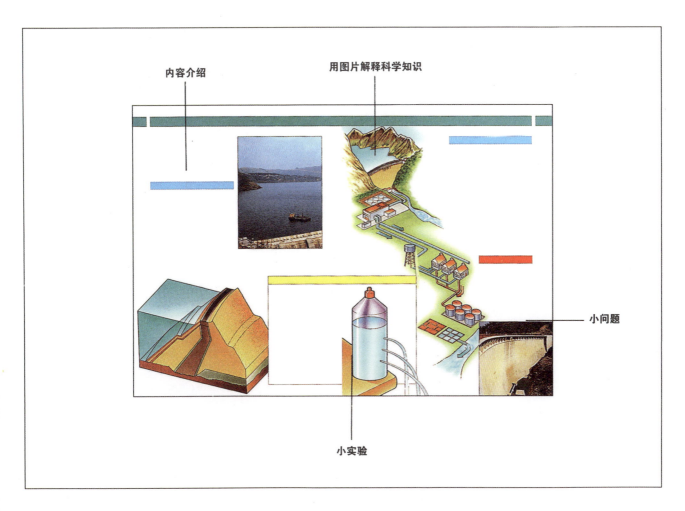

内容介绍

用图片解释科学知识

小问题

小实验

导　读

　　水对生命来说是至关重要的。幸运的是，水也是地球上存量最多的物质，海洋面积超过了地球表面积的 70%。如果没有水，地球上将不可能存在生命。

　　生命之所以能够存在，与水的独特性质分不开。自然状态下，水是唯一能够以三种物理形态存在的物质。在我们呼吸的空气中，水以水蒸气（气态）的形式存在；在南北极，水会结成冰（固态）；水还可以变成雨（液态）落到地面上并重新流回大海。大坝可以拦截河流，并将其储存于上游，用来发电；自来水厂通过输水管线将自来水运送至各个家庭。

　　液态水有许多奇妙的特性。通常情况下，水往低处流，但在外力作用下也可以向上流动；水自身可以变为不同的形状，但看似无形的水却可以托起重达几千吨的船只。

▽水的表面效应。

在我们的地球上，水处于不停的循环之中。水蒸气是肉眼看不到的，它上升到空中后会变成雨水，重新降落大地。雨水提供了地球上的淡水资源，如果没有雨水，地球上将会没有饮用水，没有青草绿树，也不会有农作物。雨水对地球上所有的生命来说都是万分重要的。

雨水循环

其实，大多数雨水都源自海洋。太阳的热量使水中的小微粒（即水分子）离开水面并慢慢升至空中，这个过程就是我们常说的"蒸发"，蒸发也会发生在湖泊和河流中。水分子被风吹起并逐渐上升，在上升的过程中，水分子冷凝并形成云朵。当云朵中聚集了足量的水，就会以雨的形式降落。水一旦落到地面，就会通过不同渠道重新流入海洋。

△ 一滴雨水在重新落回地面之前，可能经历了数百千米的"旅程"。

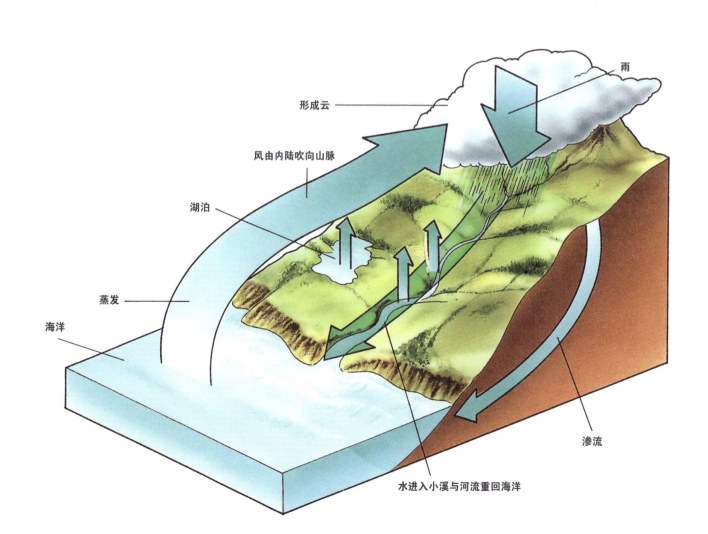

雨

形成云

风由内陆吹向山脉

湖泊

蒸发

海洋

渗流

水进入小溪与河流重回海洋

人工降雨

一个地区降雨量的多少是由很多因素决定的。其中最重要的一个因素就是离海洋的距离以及风向。有些地方的降雨是有规律的，但也有些地方的降雨年年大不相同。在降雨量不足的一些地区，农民要频繁浇水来种植农作物。额外向农作物供水的做法被称为灌溉，灌溉在一些热带国家非常普遍。喷洒是一种非常有用的灌溉方式，但同时也是一种非常浪费水资源的方式，因为喷洒过程中水在空中蒸发很快，会损耗很多水。

▷ 即使是沙漠中的植物，通过灌溉也可以生长。没有灌溉，粮食产量将会大大减少。

制作一个雨量计量器

雨水可通过雨量计量器来测量。如图所示，可用一个洗涤剂瓶的上半部和一个易拉罐组装成一个雨量计量器。将雨量计量器置于远离建筑和树木的户外环境中。在地上挖一个洞，将雨量器放入其中，或用石头加固，以防雨量器被风吹走。每天都要测量收集的雨量，并最终做出一个能显示整个星期雨量变化的表格。

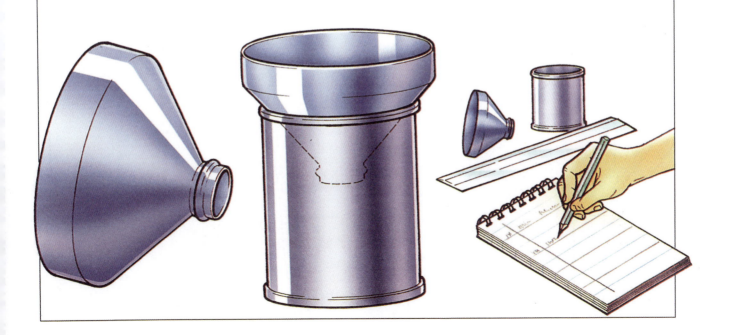

水是一种常见但又不同寻常的物质，因为在自然状态下，它能以三种物理状态存在。呈液体状态时，它流淌于各种河道和管道中，呈气体状态时，它又漂浮在云朵中。当足够冷时，水又会形成固态的冰。这三种物理状态的不同之处就在于不同状态的水分子的能量值各有高低。

发生了什么？

所有的物质都是由原子或分子组成的，原子或分子又会在强力的作用下结合在一起。固体中的分子几乎没有能量，它们以一种刚性结构结合在一起。在固态冰中，水分子所蕴含的能量只能使水分子做小幅度的摆动。液体分子所蕴含的能量，能够使分子摆脱它们之间的部分结合力。液态水中的水分子虽然依然结合在一起，但彼此之间已能够自由移动了。在气体中，分子中所蕴含的能量已经可以完全摆脱束缚它们的结合力。从水面游离出来的水分子很容易就能进入空气。从沸腾的水中散发出的水汽就被称为蒸汽。

△ 水的三种形态——固态冰漂浮在液态水上面，空气中蕴含着看不见的水蒸气。

冰

水

水蒸气

分子的运动

蒸发

当液态水中的水分子接收到太阳光传来足够多的能量时，水分子就会挣脱水面，这个过程就是蒸发。蒸发过程中，能量以热能的形式到达水面，但液体的温度保持不变，多余的能量会被蒸发的水分子带走。沸腾是蒸发的一种特殊形式，这种蒸发形式必须有其他热源。在自然环境中，沸腾常发生于火山附近。当液体沸腾时，所有液体分子所拥有的热能足以使它们挣脱彼此。这也是为什么沸水和蒸汽会如此危险——它们所蕴含的热能可以造成严重烫伤。

△ 在蒸发作用下水面会不停地散失水分，因此有时候会在湖面上看到薄雾。

蒸发实验设计

将装有同量水的小瓶子和浅口碗放置于一个房间内，看看一两天后会发生什么。你会发现碗里的水要少于瓶里的水。

如果可能，可在阳光下、阴凉处以及冰箱内重复此实验。你会发现，温度会影响碗里的水蒸发的速度。

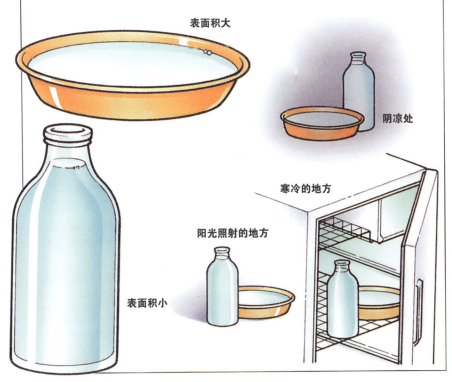

表面积大

阴凉处

寒冷的地方

阳光照射的地方

表面积小

小问题

洗过的东西之所以能晾干是因为水的蒸发作用。阳光下，搭在绳子上的衣服能快速晾干，在这个过程中，太阳光带来的热量显然是非常重要的。但为什么搭在绳子上的衣服会比缠绕成团的衣服干得快呢？

冷凝是水蒸气重新变回液态水的过程。水分子在失去热能并变冷时就会发生冷凝。冷凝完全是蒸发的反过程，水蒸气可在任何冷的物体表面上冷凝。

云的形成

暖空气能比冷空气承载更多的水蒸气。暖空气在上升时会冷却，而水分子就会凝结在空气中的微尘上并形成小水滴。之后，小水滴会朝着地面缓慢降落，但当遇到正在上升的且含有更多水蒸气的暖空气时，小水滴又会被重新吸纳并向上托送。这个过程不断重复，最后形成了我们肉眼就可以看到的云朵。如果云朵飘入了更冷的空气中，越来越多的水分子开始冷凝，小水滴也会越变越大。当小水滴越来越多、越来越重，以至于云朵无法负载时，它们就会降落下来，这就是降雨。

▷ 大团的云朵可能有几百米厚，里面可能蕴含着数千升的水。

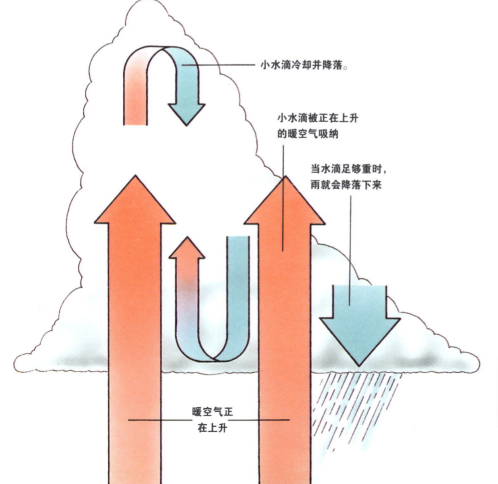

小水滴冷却并降落。

小水滴被正在上升的暖空气吸纳

当水滴足够重时，雨就会降落下来

暖空气正在上升

冷凝

将一块干燥、干净的玻璃置于冰箱的冷冻室中。约20分钟后，从冷冻室中拿出玻璃，你会发现玻璃表面出现了一层水雾。这是空气中的水蒸气凝结在冷玻璃上形成的。将一个浅碟置于一杯热饮之上，1分钟后将浅碟移走，你会发现浅碟底部有一层小水珠，这是本应"逃"回大气中的水蒸气在浅碟底部冷凝成了水珠。

雾

　　雾其实是一种云，只不过是在离地面较近的地方形成的。当一个地区的潮湿空气接触到了更加冰冷的地面时，一部分水蒸气会冷凝成小水滴，这些小水滴非常小，它们可以悬浮在空中并阻挡光线。

△雾通常形成于地面逐渐冷却的夜间。早晨，太阳光散发的热量会将雾蒸发掉。

小问题

　　每次呼吸，我们都会呼出水蒸气。正常情况下，我们是看不到这些水蒸气的，但在寒冷的天气里我们却可以看到。请思考，为什么会发生这种情况？这些水蒸气最后又去了哪里呢？

冷冻室中的干燥玻璃

冷凝

将浅碟置于热饮之上

地球上几乎所有的水都是海水。事实上，地球上97%的水都源自海洋。海水中有各种各样的溶解物，其中最主要的溶解物就是盐。雨水中没有溶解盐，因此也被称为淡水。

溶液

把特定的固体物质放入水中后，固体会逐渐分散到水中并最终与水混合在一起——它们被溶解了，这种混合物就是我们常说的溶液，水被称为溶剂，被溶解的物质被称为溶质。干燥的食盐是由晶体构成的。在水中加入盐后，水分子会裂解盐晶体，构成盐的微粒就会溶于水中。所有的水都被蒸发掉后，盐会留下。盐滩就是通过这种方式形成的，这个形成过程需要几百万年。

△地球是一个充满海水的世界，地球表面71%都是被海水覆盖的。

▽这些盐滩是由几百万年前的海水形成的。

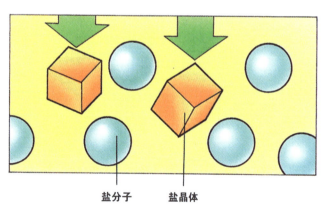

盐分子　　　盐晶体

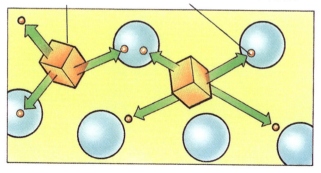

溶解的晶体　　　部分盐晶体向水靠近（没有成规模）

有用的溶质

许多其他种类的液体，如酒精和汽油也可以当作溶剂使用，但水还是最有用的溶剂，因为它对生物无害。很多味道独特的饮品就是溶液。茶叶虽不能溶于水，但它的味道却可以溶于水中，并最终变成一种提神醒脑的饮品；速溶咖啡是一种经过特殊处理后可完全溶于水的咖啡粉末；有色材料溶于水后，可以用来制造染料和墨水，当水被蒸发掉后就只剩下颜料。许多化学原料也可以溶于水。农民和园丁常将固体肥料和固体除草剂当作溶质溶于水中。植物在吸收土地中的水分时，会同时吸收溶于水中的物质。

△孩子们用可溶于水的颜料绘制彩色的画作，这就是水彩画。

什么是可溶解的?

测试不同的物质，看哪一种物质可溶解于水。注意，每次测试都要用干净的水。搅拌水可以加速溶解过程。

一些物质只能部分溶解于水，这样你就能利用水从不可溶物质中分离出可溶物质，比如可溶于水的盐和不可溶于水的沙。

溶质：

盐

糖

沙

面粉

搅拌

溶剂（水）

寻找沉淀物

小问题

海水中的水分子不停地被蒸发，盐却被留在大海中，但海水却并未因此变得更咸，你知道其中的原因吗？记住，地球上的水永远处在循环之中，从江河中流入大海的水量和通过蒸发失去的水量是平衡的。

地球上大多数的冰都被永久地固定在南北极附近。南北极是非常寒冷的两个地区，因为这里很少能接收到太阳光的能量。水只有在 0℃以上才能保持液态，低于这个温度就会变成固体冰。

冷冻和溶解

随着水的冷却，水分子也会失去能量。在 0℃时，水分子中的能量会下降到它们不能再自由移动。水分子会被固定在晶体结构中，当水分子形成冰或雪花时，水分子间的平均距离就会变得稍远一些。距离变远就意味着水在变成冰的时候，体积会膨胀。温度达到 0℃以上时，水分子会重新获得能量并自由移动，此时的冰就会融化。结冰和融化就这样不断地重复，经过多年后，这种作用就可将大岩石分裂成小石块。

△ 当滴落的水结冰的时候就会形成冰柱。

▽ 当水结冰的时候，随着体积的涨大，会产生一种力，这种力足以胀碎岩石，足以胀裂金属水管。

◁ 小裂缝中的水。

▷ 水结冰膨胀的时候，它产生的力足以胀裂岩石。

冰雹

水常在高层大气中结冰。冬天的时候，冰经常还没来得及融化就降落到了地面，降落下来的冰晶体就被我们称为雪花。当风把水滴卷入暖空气层和冷空气层之间时，水就会变成冰雹。水时而冻结又时而部分融化，这一交替过程会在空中发生很多次，直至降落地面。冰雹的内部构成层和洋葱很相似。

△有时候，冰雹会混合着雨滴一起降落。上升气流将水滴带入上层冷空气中，水便在这里凝结成冰。冰下降到某处时，又会给自己加上一层水层，之后又重新被吹向上空。

冰雹：

▷一圈圈的冰层就像洋葱一样。

膨胀实验设计

使用一个小塑料容器，你就可以了解冰是如何膨胀的。注意要选择一个有盖子且可以盖严实的塑料容器。在容器盖上钻一个孔，并用橡皮泥将孔塞上。向容器中加水直至到达水杯边沿，并保证容器盖正好能盖上。将容器在冰箱冷冻室中放一晚上，水结冰膨胀后，冰会把橡皮泥塞子顶起来。

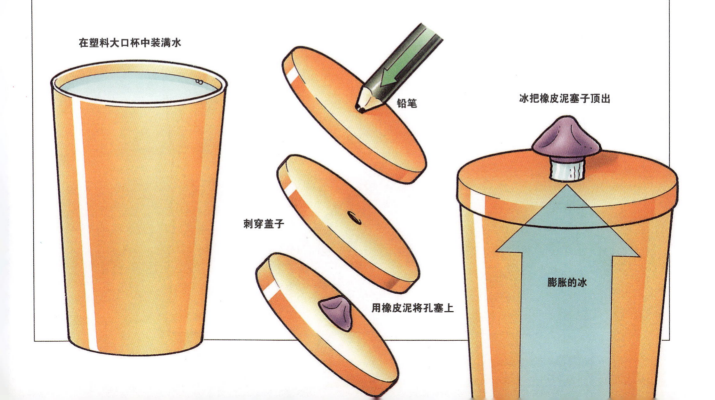

在塑料大口杯中装满水

铅笔

刺穿盖子

用橡皮泥将孔塞上

冰把橡皮泥塞子顶出

膨胀的冰

有些东西，比如钢球，会像在空气中自由下落一样沉入水下。而有些东西在落入水中时是不会下沉的——它们可以漂浮。大多数市材会漂浮于水面，它们的密度小于水。冰漂浮于水面是因为水在结冰的时候会膨胀。测量一下就会发现，冰的密度小于水。

密度

所有东西都有向下运动的趋势——这是地球引力的作用，这种引力就是我们常说的重力。正是重力作用在不同物体上，才会给物体以不同的重量。把一个物体置于水上时，水会给物体一个向上的托力。如果向上的托力和物体的重力一样大，物体就会漂浮。向上托力的大小是由物体的密度决定的，密度是物体质量与体积的比值。比水密度小的物质会漂浮于水面，比水密度大的物质则会沉于水下。

△ 冰的密度比水的密度小10%。所以冰块体积的90%是在水面之下的。

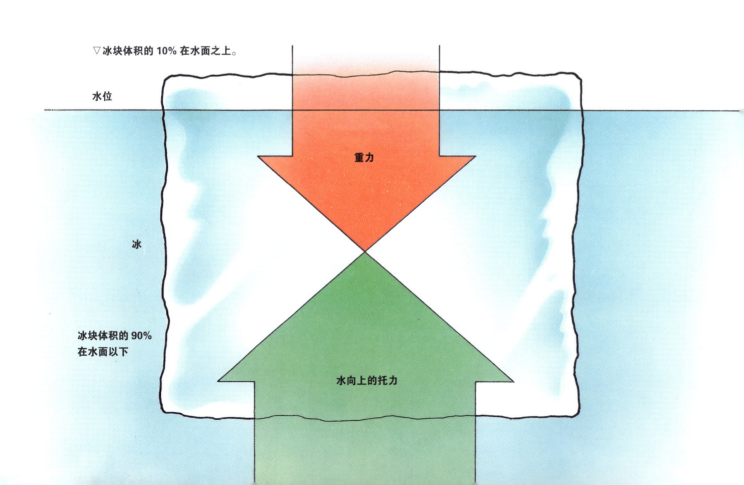

▽冰块体积的 10% 在水面之上。

水位

重力

冰

冰块体积的 90%
在水面以下

水向上的托力

钢质船只

钢的密度约是水密度的 8 倍，一块固体钢会直接沉入水底。但另一方面，空气的密度比水的密度小很多。钢质船只之所以能漂浮于水面，是因为巨大的船体中蕴含着大量的空气。船的密度是钢的密度和其内部空气密度的综合。只要其综合密度小于水的密度，船就可以漂起来。当船运载旅客和货物的时候，它的整体密度就会增大，此时，漂浮于水中的船体会比空载时下沉一些。当船只严重超载时，船只的载重线会低于水面。如果发生这种情况，船只会进水，被水充满并最终下沉。

现代远洋客轮

钢质船体

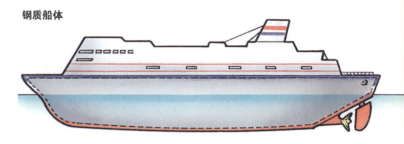

△ 中空的构造可以使船体漂浮起来。

▷ 很多年以来，人们认为钢质船只是不可能漂浮起来的，因为一大块固体钢是无法漂浮起来的。

什么会漂浮?

尽可能多地测试物体，看哪些物体可以漂浮起来。所有可以漂浮起来的物体，它们的密度（或综合密度）都要小于水的密度。

金属盘也可以漂浮于水中。你可以先试一下，然后在金属盘中放入一些石头，并观察当水蔓延至金属盘表面时，会发生什么情况？

掷入水中

试一试用其他物品做实验

小问题

人体之所以能够漂浮，很大程度上是由于肺里充满了空气。潜水员为什么可以携带重物？携带重物会给潜水员身体的密度带来什么影响？为了可以再次浮出水面，潜水员必须要做什么？

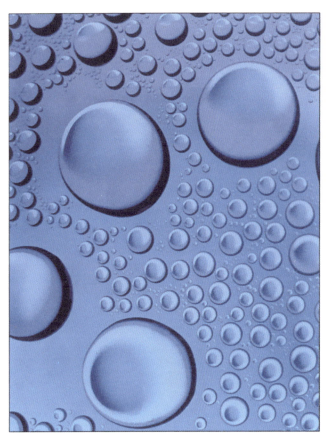

不论多大面积的水域都可以形成一个平坦均匀的表面。但每一滴水都有曲面，这是因为水的表层的分子与其余部分受力状态不同。其结果被称为表面张力，它使得水的表层变得富有"弹性"。

在水面漫步

水的"皮肤"很柔软，重物可以直接通过。然而，某些昆虫，比如池塘中的水黾，它们的重量很轻，可以站立在水面上而不破坏水面，这与漂浮不同。池塘中的水黾之所以能够站立在水面上，是因为水的表面张力大于水黾所受的重力。

△ 表面张力使水滴的形状变成球形。

▽ 近距离观察，你会看到由于昆虫重量在水的表层形成微小的凹陷。

弧形液面

液态水中所有的分子都是它们之间作用力的受力对象。液态水的表层的上面没有作用力，因此，侧面的和内部的作用力就更强，这就是水滴会变成球形的原因。在容器中，这种作用就会形成弧形液面。如果玻璃容器不满，弧形液面会在两边呈凹形略向上弯。玻璃分子和水分子之间的引力比水分子之间的引力大。如果容器被盛满且高于边缘，会形成凸液面，此时因为表面张力使水保持在容器内。

不满的容器：凹液面   满的容器：凸液面

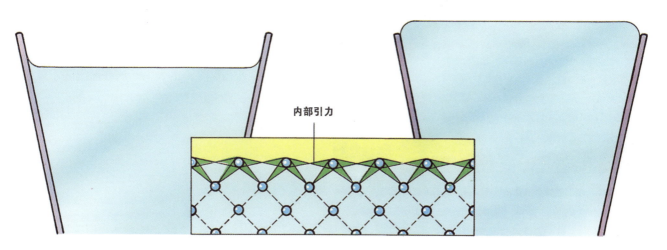

内部引力

针浮在水面上

钢铁放入水中会下沉，但如果小心地把一根干净的大头针放入一碗水中，它会浮起来，这是因为水的表面张力对其产生作用。如果大头针浮不起来，尝试在针下面放一张小的薄纸巾，当薄纸巾湿透后沉下去时，大头针不会随之沉下去，而是漂浮在水面上。

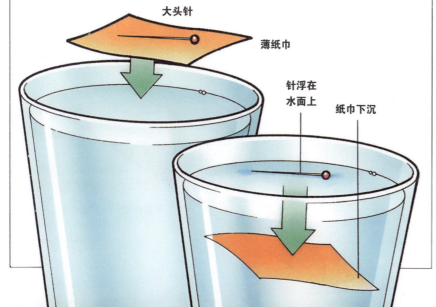

大头针

薄纸巾

针浮在水面上

纸巾下沉

小问题

水在细管里会自动升高。这种效应被称为毛细作用。你能解释一下表面张力是怎样引起这种现象的吗？请参考向上弯曲的弧形液面的形状。

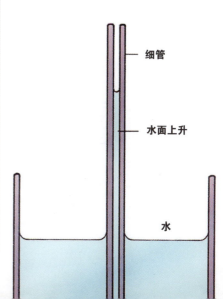

细管

水面上升

水

△斜面越陡，水流越快。浪花就是由水与暗礁的冲击形成的。

受重力的影响，水通常都是往低处流。如果遇到一个可渗透的表面，水可以渗透进去。如果在一个不能渗透的表面，水无法穿过，就会顺着向下的斜面流，直到不能流动为止。

地下水位

某些种类的岩石就像海绵一样是水可以穿透的，还有些岩石是完全不可穿透的。当雨水落到可渗透的岩石上时，就会渗进去，直到遇到不渗透的岩石层。水在可渗透岩石区域内的水平高度被称为地下水位。在多山地带，地下水位往往在谷底的水平面之上。如果山丘里有这两种类型的岩石，水的向下运动就会使它流到两种岩石层交汇的表面。这样流出的水就被称为泉水，许多溪流就是这样形成的。

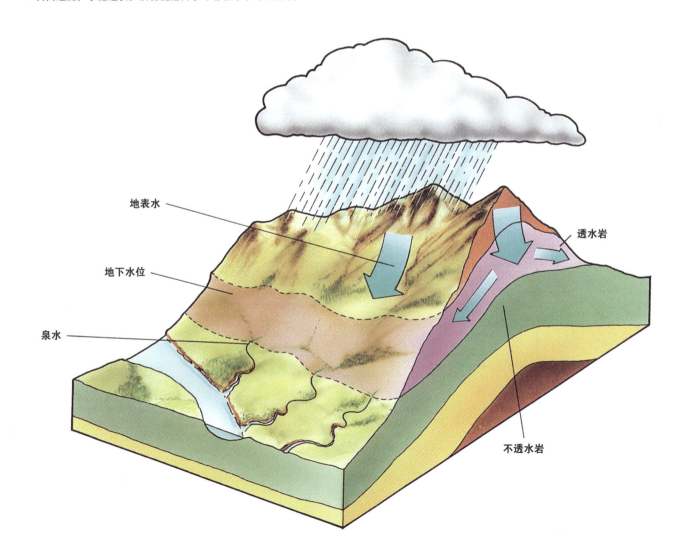

地表水

地下水位

泉水

透水岩

不透水岩

喷水井

在很多地方，地下水位都在地表以下。在地面上钻一个孔，就可以在孔的深处发现地下水。有些地方地势较低，甚至低于周围的地下水位，这时在地面上钻孔，就会从孔里向上喷水，形成一个喷水井。喷水井里的水会自动向上流，返回到地下水位的高度。

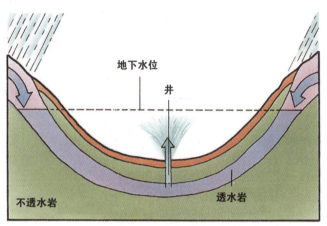

◁喷水井是天然的喷泉。水会上升到空中，几乎到达周围地下水位的高度。

水位实验设计

如图所示，用胶带把可弯曲的吸管和洗涤剂瓶子粘在一起，就可以演示喷水井的效果了。只要吸管另一端的开口高于瓶子中水的高度，水就不会喷出。如果向瓶中注水，使吸管的开口低于瓶子中水的高度，水便开始流动。直到两个水面（瓶子里和吸管里）达到相同的高度，水才会停止流动。

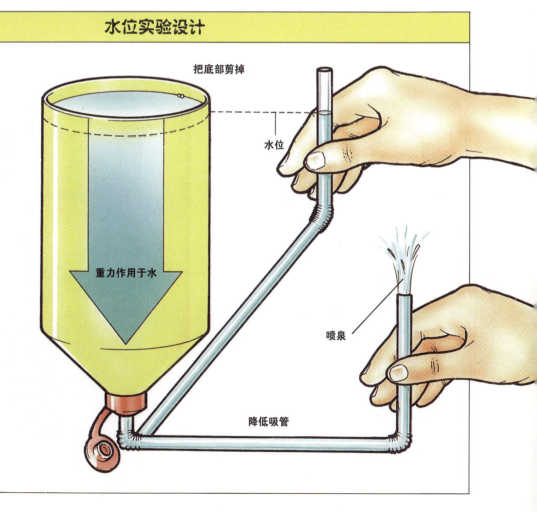

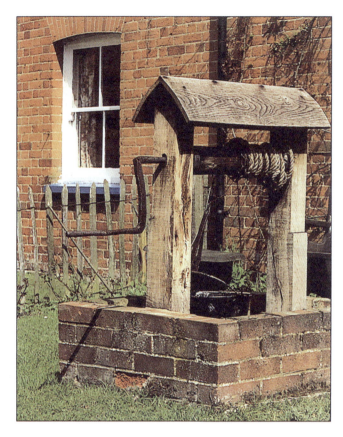

用桶可以从井里打水，但这种方式完全需要依靠人力。通过使用泵，可以克服重力的作用使水向上流动减轻人力的负担。虹吸管里的水也可以向上流，但是它最后将流向较低的地方。

泵

一个简单的泵由装有两个阀门和一个活塞的气缸组成。阀门使水（空气）只向一个方向流动。当活塞被拉出（上冲程）时，会产生真空，从而通过入口阀把水吸进气缸。当活塞被压进（下冲程）时，水就会通过出口阀被吸出。两个阀的单向运动确保空气不会进入上冲程的气缸，也防止水通过下冲程的入口阀流回。

△桶井是一种最简单的机器。它很稳定，但速度非常慢，效率也低。

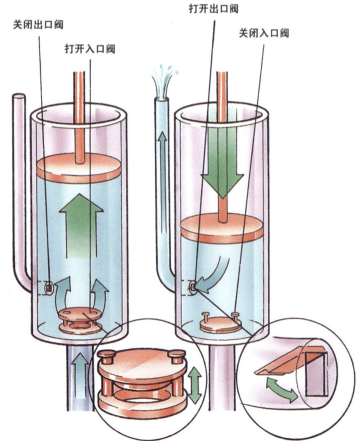

关闭出口阀
打开入口阀
打开出口阀
关闭入口阀

▽如果不随时把水抽出，在地下水位之下挖出的矿井很快就会被全部淹没。

虹吸管

如果水管的终端低于原来的水位，水就会沿着管子向上流，最后流向低处，这个管子就是虹吸管。虹吸管的工作原理是因为空气的重量对水面产生了作用。只要水流终端低于原有水位，这种作用就足以使水沿着管子流动。如果水流终端高于原有水位，即使只高一点点，水流也会停止。为了使虹吸管发挥作用，管子里必须全部装满液体。可以通过浸泡使管子里装满液体，然后把两端密封好。

经过抽吸

水上升

如果较低的一端低于原有水位，水就会流出

制作一根虹吸管

用两根塑料管或许多接在一起的可以弯曲的吸管就可以制作一连串的虹吸管。用一根虹吸管吸水，用另一根注水。把塑料管进水的一端从水中拿出来，使少量空气进入管中。当气泡进入管中，看看会发生什么？

盆（水库）

管子或吸管

玻璃杯

盆（目的地）

小问题

地下水位通常在地表以下，必须用泵才能把水抽到地表上。为什么要用泵才能把水抽到地面上呢？你能解释一下为什么虹吸管不能将水抽上来吗？回答这个问题之前，请先思考虹吸管两端的高度。

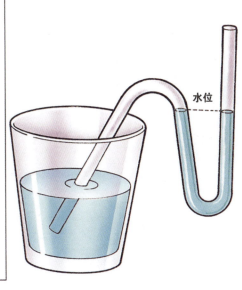

水位

△ 消防员用消防软管在安全的距离向建筑物顶部喷水。

当水缓慢流动时，它是一种平稳流动的液体。但当水受到压力时，它可能就是一股强大的力量。请思考水龙头中平静流出的水与喷头中喷出的水有什么不同，还有宽阔河流中的水流与狭窄的瀑布之间的区别。

高压

水在管子中流动的速度取决于其所受的压力。如果管子出水口的尺寸减小，水从管中流出的速度就会加快。这是因为管内的压力是相同的，等量的水通过变细的出水口流出，只能加速。

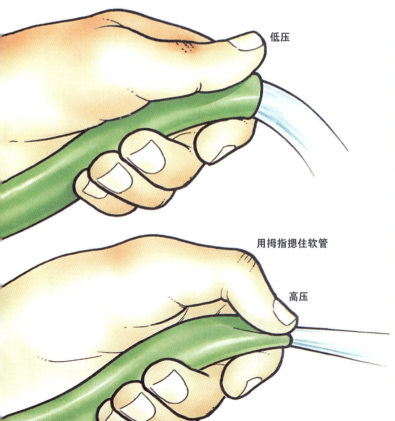

低压

用拇指摁住软管

高压

▽高压喷水器有巨大的冲力。这样的高压水柱可以冲刷掉石头和砖头上的陈垢积污。

冲击表面

撞击高速流动的水面如同撞击砖墙一般。物体运动越快，携带的力量就越大。当一个物体撞到水上时，大部分力量都会传送回物体本身，因为水的体积不会被压缩。

跳水运动员用手击打水面，使水在他们周围流动，减弱受力的强度。用你的手轻拍或猛击一碗水，体验一下吧，"腹部落水"真的可能会让人受伤。

▽人类不止一次尝试打破水上速度记录，但都因船只被水撞毁而终结。

测量压力

用一个洗涤剂瓶子测量喷水器的不同压力。压力和开口的大小都会影响水喷射的距离。如果没有合适的喷头，就需要强大的力量才能把水喷到远处。但是瓶子很快就会变空。如果有喷头，水就会在高压下从瓶中喷到远处。而且持续的时间较长。

给瓶子施力

无喷头——低压

水只能涌出一点点距离

有喷头——高压
水喷得很远

从水龙头流出的自来水最初的形式便是降落地面的雨水。但并非每天都下雨。为了确保自来水的定期供应，人们通常建造人工湖或水库来储存水。通过在河谷上建河堤或大坝，将河水蓄成湖，许多水库都是这样建成的。

深度和压力

水不需要借助任何外力来产生压力，其自身的重力就足够了。由于重力的作用，固体会向下施加压力。但是液体，比如水，会向各个方向施加压力。靠近水面的压力不是很大，但水压会随着深度的增加而增大，这是因为水的重量在增加。为了承受不断增大的水压，水坝的底部比顶部要厚得多。现在，有一些大坝是由混凝土建成的，但多数大坝还是由泥土和砂砾建成的，中心是防水胶泥。

△ 如果没有来自溪流和河流的雨水的持续供给，水库很快就会枯竭。

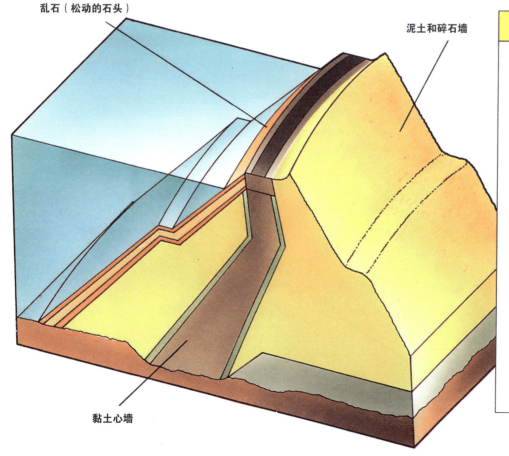

乱石（松动的石头）

泥土和碎石墙

黏土心墙

压力实验设计

用一个洗涤剂瓶子就可以证明水压随着深度的增加而增大。在瓶子上扎一些大小一样的孔，然后装满水。你会发现，从最高的孔中流出的水射得最近，从最低的孔中流出的水射得最远。这正是因为容器底部的水压最大，水的冲力也最大。

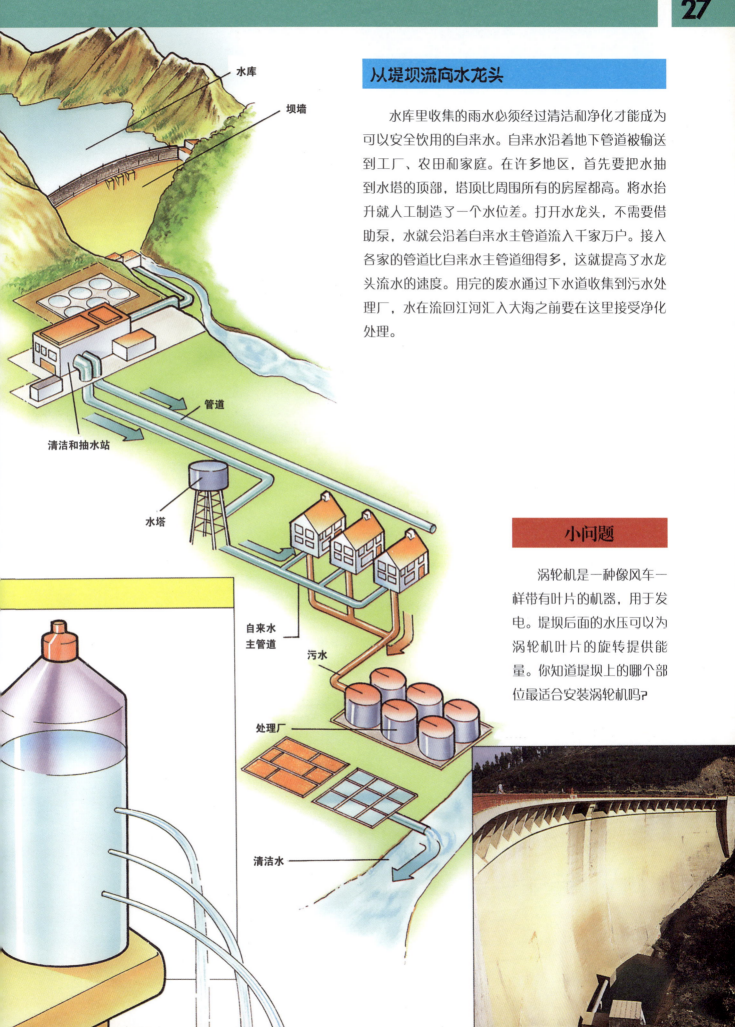

从堤坝流向水龙头

水库里收集的雨水必须经过清洁和净化才能成为可以安全饮用的自来水。自来水沿着地下管道被输送到工厂、农田和家庭。在许多地区，首先要把水抽到水塔的顶部，塔顶比周围所有的房屋都高。将水抬升就人工制造了一个水位差。打开水龙头，不需要借助泵，水就会沿着自来水主管道流入千家万户。接入各家的管道比自来水主管道细得多，这就提高了水龙头流水的速度。用完的废水通过下水道收集到污水处理厂，水在流回江河汇入大海之前要在这里接受净化处理。

水库
坝墙
清洁和抽水站
管道
水塔
自来水主管道
污水
处理厂
清洁水

小问题

涡轮机是一种像风车一样带有叶片的机器，用于发电。堤坝后面的水压可以为涡轮机叶片的旋转提供能量。你知道堤坝上的哪个部位最适合安装涡轮机吗？

流动的水具有相当大的能量，可以用来驱动机器。一些早期的机器，比如水轮，常常用于推动磨盘来磨碎谷物。现代涡轮机就相当于过去的水轮，但是它是将水能转化为电能。

水力发电

将水能转化为电能的过程被称为水力发电。水力发电站的成市低廉，因为其动力来源（水）是免费的。水储存在堤坝后面，以保证能够持续供应。在大坝的地基处，水能够通过一些连续的隧道流入涡轮机。进入隧道的水量可由水阀控制，为了使水尽可能快地流入涡轮机，隧道逐渐变窄。发电站在堤坝前面，发电站里的每一台发电机都配有一台涡轮机。产生的电流通过电缆被输送到电缆塔，进行电力供应。

△ 水轮将水流带有的能量转换成圆周运动。水力还曾应用于许多早期的工厂中。

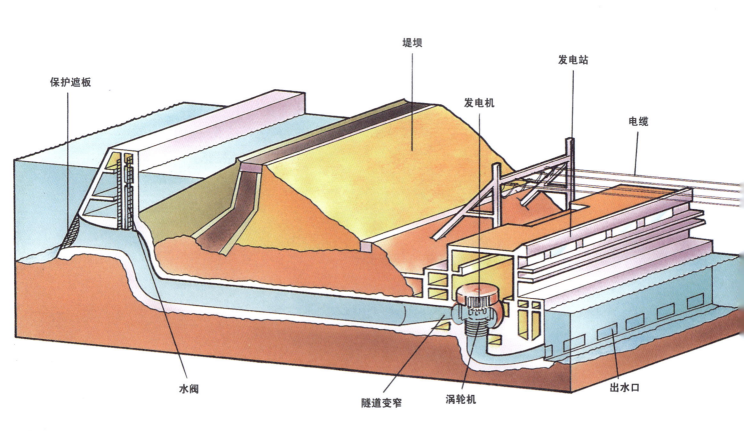

制作一个水力涡轮机

用一个洗涤剂瓶子的上半部分就可以制作一个简单的涡轮机。如图所示，绕着瓶子的边缘剪一些开口。试着将每个边缘以同样的角度折叠，使边缘像风车的叶片一样倾斜。用铅笔的尖头端将这个涡轮机举起来，让它可以随意转动，并把它放在一个出水的水龙头下面。水龙头中流出的水的冲力越大，涡轮机旋转得就越快（制作时请在家长监督下完成）。

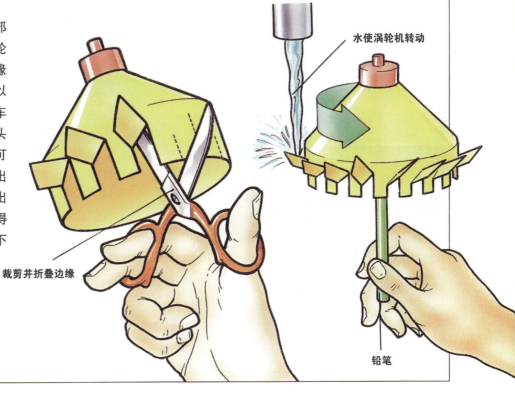

水使涡轮机转动

裁剪并折叠边缘

铅笔

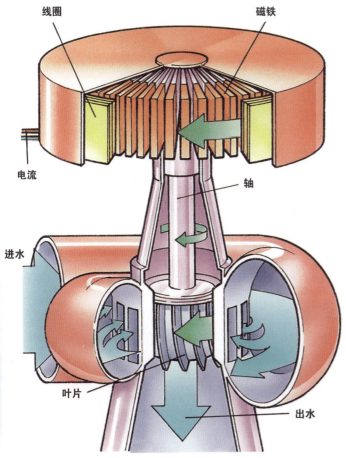

线圈　　磁铁

电流

轴

进水

叶片　　出水

发电机

现代涡轮机要完全浸入水流中。水快速流入涡轮机，只有通过涡轮机的弯曲叶片后才能流出。水的运动使涡轮机转动，涡轮机由一根轴与发电机连接，带动发电机转动。当发电机内的磁铁开始旋转，线圈中就产生了电流。

▽现代涡轮机是一种大型机器，重达几千吨。

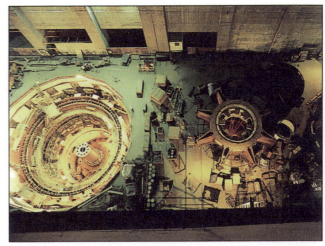

水具有奇异的特性，让许多古代科学家着迷。阿基米德（公元前 287—公元前 212 年）是一位著名的科学家。他在沐浴的时候发现了一个科学界的基本定律：沉浸在水中的物体受到的浮力等于该物体所排出的水的重量——这就是浮力定律。

希腊科学家希罗

希腊科学家阿基米德

须非常坚固才不会被水压压碎。在 500 米以下，水压可以轻而易举地压碎一艘普通潜水艇，就像压碎一枚蛋壳一样。瑞士科学家奥格斯特·皮卡尔发明了深海潜水器，可以深入到海面下 1000 多米。1960 年，他的儿子雅克乘坐一艘改良的潜水器潜入太平洋 1 万米以下。

古希腊人发明了许多利用水力的精巧的机器，包括通过远程控制开门的机器。古希腊亚历山大时期（约公元 60 年）的科学家希罗写了一本描述许多机器的书，其中包括一种原始的蒸汽机。但直到 1700 年之后这种蒸汽机才被发明出来。

水压会随着水的深度增加而增大，所以潜水艇必

詹姆斯·瓦特

深海潜水艇（特里亚斯特号）

18 世纪，许多科学家再次开始进行蒸汽试验。蒸汽是比水更有用的能源，在密闭空间内，蒸汽可以产生巨大的压力。1781 年，苏格兰工程师詹姆斯·瓦特（1736—1819）改良了第一台高效蒸汽机。瓦特的蒸汽机开创了"蒸汽时代"，在许多方面改变了人们的工作方式。

冰雹

在大气层中形成的多层冰团。

表面张力

液体表面层由于分子引力不均衡而产生的沿表面作用于任一界线上的张力。

地下水位

完全渗透在地下的水位。这一水位受降雨量等因素的影响而不同。

大气层

包围着地球的空气层。除了氧气、氮气和二氧化碳等气体外，大气层还包括水蒸气。

沸腾

当温度达到100℃以上，液态水转化为水蒸气的过程。

分子

物质的最小单元。分子非常小，通过和重力相似的作用力结合在一起。

灌溉

在降水量不足的地方，给农作物提供额外的水，这种供水方式称为灌溉。

虹吸管

可以将水从容器中吸出的管子。

密度

物质质量与体积的比值。水的密度是1。

凝结

冷却后，水蒸气重新变成液态的过程。

溶质

溶液中被溶剂溶解的物质。

溶液

一种物质的分子分散到一种液体的分子中之后，这两种物质的混合物。

溶剂

可以溶解物质的液体。

水力发电

利用水能来驱动涡轮发电机，产生电能。

水库

用于蓄水的人工湖，常通过建造大坝来实现。

水蒸气

从水的表面蒸发的气体。

水轮

以水流为动力的机械。这种机械有桨或叶片，能被水流推动，可以用于驱动机器，或将水能转化成其他能量。

涡轮机

一种将水流（或蒸汽和风）的能量转换成其他能量的机器。通常用来发电。

雾

悬浮于空中、接近地面的微小的水滴。

蒸发

水蒸气分子不断从水面离去的过程。

重力

物体由于地球的吸引而受到的力。

0℃

水转化成冰的温度。